我的养花经验采撷

刘立安 编著

中国林业出版社

撰　　文：刘立安
摄　　影：卢思聪　江　南　贾培信
　　　　　刘立安　王云武　杨　格

策划编辑：李　惟
责任编辑：何增明　陈英君

中国林业出版社·园林园艺编辑室

图书在版编目(CIP)数据

凤梨／刘立安编著．－北京：中国林业出版社，2003.1
(我的养花经验采撷)
ISBN 7-5038-3331-9
Ⅰ.凤…　Ⅱ.刘…　Ⅲ.凤梨科－观赏园艺　Ⅳ.S682.39

中国版本图书馆 CIP 数据核字(2002)第 103095 号

出版：中国林业出版社(100009　北京西城区刘海胡同 7 号)
　　　E-mail：cfphz@public.bta.net.cn
　　　电话：66184477
发行：新华书店北京发行所
印刷：深圳美光彩色印刷股份有限公司
版次：2003 年 1 月第 1 版
印次：2003 年 1 月第 1 次
开本：130mm × 210mm
印张：2.5
字数：58 千字
印数：1～8000 册
定价：15.00 元

目　录

Contents

概　述

凤梨科观赏植物是新一代的室内盆栽花卉，在欧美等国家已经流行多年。欧洲的皇室及贵族有用观赏凤梨装饰居室的传统。在美国，有世界凤梨花协会，每年都举办年会和品种评比大赛。20世纪50年代已有少量传入我国。80年代在沿海部分大、中城市观赏凤梨的数量有所增加。90年代开始从荷兰大量进口。在许多大、中城市都形成了一股凤梨热，进口量十分庞大。观赏凤梨的叶片和花序色泽艳丽，花形奇特，花期长达2~6个月。栽培管理相对简单，不需要太多人工照顾。此外，凤梨的发音与闽南语“旺来”谐音，是个吉祥喜庆的名称，与杜鹃、蝴蝶兰、大花蕙兰共同成为年节最佳礼品。在花卉业未来的发展中，观赏凤梨无疑是最具有发展潜力的植物之一。从长远考虑，建议我国的花卉企业家尽早在凤梨科植物的生产栽培上给予投资，以尽快占领这一巨大的市场。

凤梨科植物是一个大家庭，植物分类学权威Smith将该科分为42属2000种左右。众所周知的凤梨科植物是菠萝(*Ananas comsous*)，味道鲜美，作为水果食用，它原产于美洲的西印度群岛，现已在热带、亚热带地区广泛种植。人们最初认识凤梨科植物是在15世纪。当它被引种到英国不久之后，植物工作者就开始了广泛的考察、研究工作。一些观赏性极强的种类使人着迷、感兴趣，很快就赢得了人们的喜爱。

蜻蜓凤梨

19世纪末期，植物爱好者和英国皇家远征队从世界各地把大量的凤梨科植物带回英国，其中一部分被收集并在植物园中栽培，植物工作者对凤梨科植物进行了系统的研究。1830～1840年被记录的凤梨科植物到今天仍然很流行，例如，蜻蜓凤梨(*Aechmea fasciata*)、虎纹凤梨(*Vriesea splendens*)等。如今，随着花卉业的迅速发展，在花店，花卉中心等处可提供大量的凤梨科植物来作为观赏应用。

凤梨科植物多数原产于美洲地区。通过植物工作者的努力工作，现在在世界多数地区都可见到凤梨科的植物。由于它们原产地的生态环境多种多样，使得家庭、办公室等场所都可以有适宜的种类栽种。

在巴西的热带雨林中，伴随着大量的喜林芋属植物和兰科植物，在凹凸不平的树干和其他的植物上，生长着大量的凤梨科植物。

在南美地区，生长着不同类型的凤梨科植物，多数根极少或者无根，它们附生于树上、电线杆甚至电线上，依靠吸收空气中的水分生存。有些树枝上附生的植物太多以至于压折了树枝。当地居民很少利用这些植物用于工业或经济方面，只有极少量的种类用于室内布置。

在沙漠中也有凤梨科植物生存，在墨西哥草木不易生长的地区和维拉克鲁斯的平原地区，生长着雀舌兰属和银叶凤梨属的植物，它们一般小而坚硬，莲座状。在秘鲁和安第斯山脉生长着大型植物莴氏普亚凤梨(*Puya raimondii*)，这种植物的寿命超过了人类。在成熟开花时，高度可达到 10.5 米。在大型的柱状仙人掌和露出地面地石头上生长着铁兰属的一些植物，通过电线似的气生根将植物固定在附着物上。这些植物有着适应干旱环境的能力。

通常栽培的观赏凤梨多是附生种，少有陆生种。这类植物叶片颜色丰富多彩，有红、黄、绿、紫等色。叶面具有纵向条纹或横向斑带。叶片通常基生排列成莲座状。少部分种类莲座叶丛结构疏松，叶子大致排列成圆形；大部分种类叶片基部相互紧叠，形成一个不漏水的杯状结构，如同一座水塔，承担着“贮水器”的作用。雨林中的露水或雨水常将水塔装满，这水既为小鸟和小动物提供水分，也为植物本身生长提供了水分和养分。原产地干

虎纹凤梨

季和雨季的界限十分分明，水塔在雨季蓄积水分可供干季使用。同时，水塔中也是滋生蚊子幼虫的场所。所以在培养观赏凤梨时，水塔中的水要经常更换，保持清洁。叶子表面有一种叫“吸收鳞片”的微小组织，主要生长在叶基部，可以从空气中吸收养分和水分。所以叶面施肥对凤梨科植物的生长十分重要。

凤梨科植物主要分布于南美洲雨林地区至多岩礁的海岸林带。根据其生态习性可分为附生和地生两类。

附生凤梨一般生长在热带雨林中，以根附着在树皮或树枝上，沿着树干向上生长，少数生长在腐殖质中。附生凤梨的根吸收作用差，主要是起固定植株的作用。较特殊的如老人须(*Tillandsia usneoides*)则完全无根，靠它的须状小枝上的吸收鳞片来吸收养分和水分。附生凤梨一般较耐荫。

地生凤梨一般生长在沙漠或沙漠草原地带的海滩或岩石上，这种地区雨量少、温暖、阳光充足、全无荫蔽。植物叶片多为灰白色，革质，较厚，叶缘长着尖刺和有钩的锯齿。如雀舌兰属，普亚属，翠凤草属等。

根据产地和环境特点可将凤梨科植物分为三大类。

1. 雨林中的凤梨科植物

原产于雨林环境中的凤梨科植物是幸运的，它们尽情享受着大自然为它们提供的良好生存条件，高的温度和湿度，散射的阳光，流动的空气。很明显，雨林地区为植物生活提供了一个良好的环境。

雨林中的树上都被苔藓、石耳或蕨类植物覆盖着。在这样一个环境中，随处都可见到凤梨科植物的踪影，生长的树、折断的木头、地面上，几乎无处不在。果子蔓属植物在树杈上占据着有利的位置，它们杂乱的根将自身安全地固定在树上，有多种颜色的真菌同叶片光滑闪亮的巢凤梨属植物和彩叶凤梨属植物共同增添了装饰效果。被苔藓覆盖的树桩成为海星状的姬凤梨属植物生长的绿色背景。

2. 介于雨林和沙漠过渡环境之间的凤梨科植物

这种环境同雨林环境相比，空气的流动和光的强度是相对增大的，湿度却是下降的，温度也是不稳定的。在这种环境中生存，意味着植物必须强健，以附生状态生长的凤梨科植物倚靠着仙人掌属、蟹爪属、丝苇属植物，把它们作为依靠物，用坚硬而强壮的根把他们固定在距地面不高的地方。这种形式的联合不同于寄生，不会换取任何养分。代替它的是，自然而然的发展其他部位获取所需的养分。紧密的莲座状叶丛，向上成为水塔状，可以保留水分，昆虫和叶片的残骸也时常落入水塔，小鸟栖息在植株上面，鸟粪成为植物生长所需要的良好肥料。

在这种环境中，植物的叶片通常是较厚的，不干净的，叶缘具有尖利的刺。雨林中凤梨科植物所具有的亮绿色被暗绿色、灰色、褐色、紫色的混合色所代替，叶片富有色彩和条纹或成杂色，并富有光泽。

生活在这一区域还有其他类型的凤梨科植物，形状一般是球状的，水分可沿着卷须状的叶片聚集到植物的中心，供植物使用。

3. 沙漠中的凤梨科植物

对于严酷的沙漠环境，一些凤梨科植物也能适应。被发现的类型，莲座叶丛坚硬、低矮，叶片黑绿色或具有灰色的绒毛，叶边有尖刺。

沙漠中的凤梨以地生方式生活，通过正常的根系系统吸收少量的水分和矿物质就可顽强地生长。在试图避免强光照射方面，植物通常生长在满是灰土的地带。也可以选择另一种幸运的方式，它们设法生长在其他沙生植物的荫处。

生物学特性

凤梨科植物的形态特征

凤梨科植物是单子叶植物，草本，陆生或附生，茎短；叶狭长，通常基生，莲座式排列，全缘或有刺状锯齿，基部常呈鞘状；花两性，少有单性，辐射对称或稍两侧对称，组成顶生的头状、穗状或圆锥状花序；苞片通常明显而具颜色；萼片3，分离或基部连合；花瓣3，分离或连合呈管状；雄蕊6，花药离生，少有合生成一环，2室；子房下位或半下位，3室，花柱细长，柱头3，每室有胚珠多数，中轴胎座；果为浆果或蒴果，被宿萼，或有时为聚花果；种子具丰富的胚乳。

2000多种凤梨科植物在植株外形上有着不同的变化，但大致说来植株形状不是簇生状就是呈瓶壶形。根系普遍较弱，茎短缩，叶片直立簇生。

凤梨科植物的根系不发达，陆生类生长所需的水分和养分大部分由根系吸收供给，叶片可少量吸收；附生类的根系主要承担固定植株的作用，附着在树干、岩石上，根部都直接接触到空气。生长所需的水分和养分绝大部分是由叶片吸收的。

凤梨科植物的茎短缩，中、小型的种类叶片近乎基生，只有大型种的植株才会让人感觉到茎的存在。

凤梨科植物的叶片多排列成莲座状，是吸收水分和养分的主要部位。有的叶面上被覆银灰色的斑粉或茸毛，这是减

小叶面蒸腾速度的一种适应表现。叶片形状有极大的变化，丽穗凤梨属和果子蔓属的叶片是简单的带状；水塔花属的叶片直立、坚硬，不易弯曲；姬凤梨属的叶片平展，边具小褶皱；松球属的叶片坚硬下垂，长达60厘米；彩叶凤梨属的叶片差异较大，叶片坚硬，有的水平生长，有的直立生长。由于叶片形态的变化，导致莲座叶丛就有了从平展到直立的不同类型。

铁兰属植物的外形变化较多。有的叶片带状、较窄，如李氏铁兰（*Tillandsia lindenii*）。具球茎的种类有着卷曲的叶片，如曲叶铁兰（*T.butzii*）。丛状植物生长在地面上，类似银色的草地，如菲利铁兰（*T.filifolia*）。螺旋状的类型在表面一般具粉状物，如卷叶铁兰（*T.balbisiana*）。有的植物形状似章鱼，披覆的鳞片闪烁着光泽，如拉那铁兰（*T.seleriana*）。以附生形式生活的凤梨科植物，依赖表皮一种特殊的器官生存，这种吸收器官实际上是用一种简单的微小海绵体吸收空气中的水分和养分。多数凤梨科植物具有这种组织。在旱生类型的铁兰属中更是高度集中。

带状水塔花

凤梨科植物叶片的颜色是丰富多彩的。在水塔花属中斑马水塔花（*Billbergia zebrina*）是巧克力色和灰色的混合色。而黄点水塔花（*Billbergia* ‘Fantasia’）

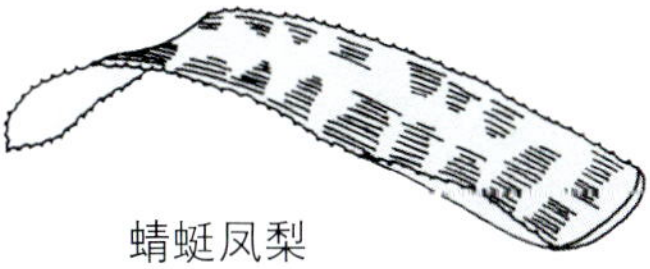

蜻蜓凤梨

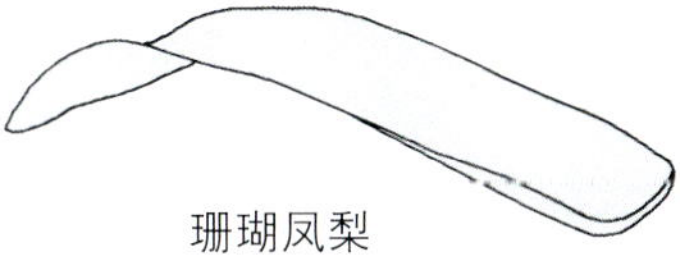

珊瑚凤梨

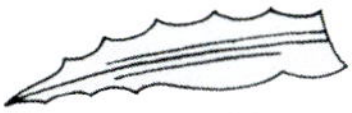

姬凤梨

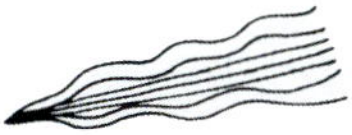

三色姬凤梨

环带姬凤梨

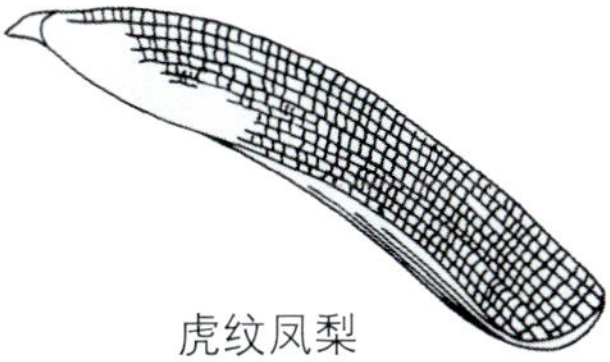

虎纹凤梨

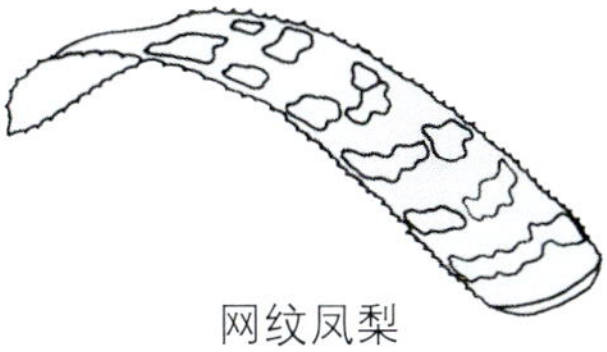

网纹凤梨

铁兰

狭叶水塔花

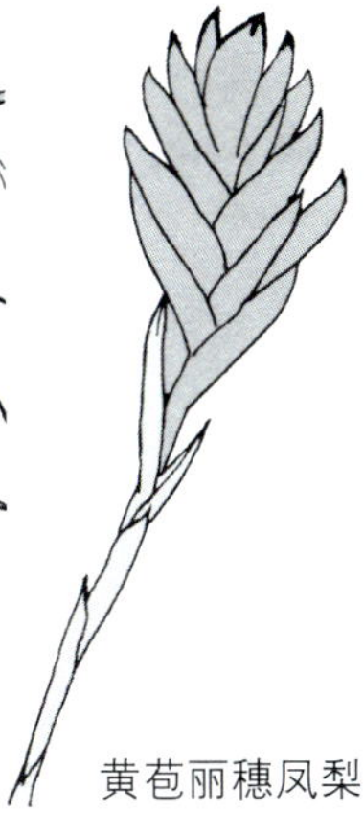

黄苞丽穗凤梨

蜻蜓凤梨

具有黄色和灰色的、深浅不同的斑点。波特水塔花(*Billbergia porteana*)是绿色和白色。带状水塔花(*Billbergia vittata*)从橄榄色到橙色。从暗纹丽穗凤梨(*Vriesea hieroglyphica*)的名字得知，在光亮的绿色叶面上有暗色的花纹。当光线照射甘特丽穗凤梨(*Vriesea gigantea*)的叶片时，叶片会变的半透明。网纹凤梨(*Vriesea fenstralis*)的叶面上呈明显的网格状。蜻蜓凤梨(*Aechmea chantinii*)在叶片上有银色的条带。褐斑凤梨(*Aechmea orlandiana*)是绿、褐色的混合色。姬凤梨属的叶片颜色是容易产生变化的，有着令人难以置信的色彩变化。深受人们喜爱的苞叶红凤梨(*Ananas bracteatus*)具多种颜色，是淡红色又微染乳白和绿色的混合色。

通常所说的花是指植物的繁殖器官。观赏凤梨所观赏的花实际是指花序，包括真正的花和苞片，而苞片才是主要的观赏部位。

凤梨科植物的花序多为顶生的头状、穗状或圆锥状花

紫花铁兰

序。花梗一般较长，从莲座状叶丛中央抽出，花序高于叶丛。鲜艳的花朵通常被鲜红或粉红色的苞片包着。某些种类花梗极短，故花序不能伸出叶丛，而是藏在莲座状叶丛当中。如雀舌兰属、果子蔓属、丽穗凤梨属的花序生长在很长的花梗上，而姬凤梨属和彩叶凤梨属植物的小花总是隐藏在叶丛中。

珊瑚凤梨

凤梨科植物的花有的不显著，有的极其艳丽。这不仅表现在不同属之间，在同属植物不同种之间也有明显的差别，老人须的花极小，黄色杂染有白色，除非距离植物很近时仔细观察，否则很难被注意到。然而，紫花铁兰(*Tillandsia cyanea*)却有引人注目的紫色花和粉红色的花序。

水塔花属花的颜色从红色到粉红色和蓝色都有，让人不如意的是，花的寿命短，苞片维持鲜艳颜色的时间也短，从而观赏期短。另一方面，光萼荷属的花期可以维持很长时间，且花形、花色有很大的变化。从珊瑚凤梨(*Aechmea fulgens*)的悬垂在紫红色花梗上暗紫色的花，到特色明显的、吸引人的具圆锥状有粉红色到蓝色的花序的蜻蜓凤梨。

彩叶凤梨属和巢凤梨属是真正的鸟巢植物，蓝色到淡紫色的小花埋在杯状叶丛中央，在一些种类中，如三色彩叶凤梨开花的前奏是中心部分的叶片由发红到变为鲜红。丽穗凤

三色彩叶凤梨

梨的花序呈剑形，最长达60厘米，由黄色的花和红色的苞片组成。在叶片柔软的果子蔓属中，花的颜色主要是白色，但苞片颜色相对较多，有黄、橙黄、白、绿等色，使得这类植物具有高的观赏价值而被广泛收集利用。

凤梨科植物的果为浆果或蒴果，宿萼，或有时为聚花果。人们食用的菠萝就属于聚花果。在人工栽培条件下，多数凤梨科植物不易结实。

凤梨科植物种子形状的变化是很大的，雀舌兰属的种子是扁平的。铁兰属和丽穗凤梨属的种子是小伞状的。翠凤草属的种子瘦长。但种子一般较小，很少有大粒种子。

凤梨科植物的生态习性

凤梨科植物种类繁多，原产地范围较广。但主要集中在美洲地区。现从温度、光照、水分三方面介绍凤梨科植物的生态习性。

温度

植物对温度的要求通常用“三基点”温度来衡量。即最低温度、最适温度和最高温度。这里的最高、最低温度指的是生长温度，不是致死温度。原产雨林中的凤梨科植物对温度要求较严格，有些种类最低温度要达到18℃。但多数种类最低温度在15℃就可以了。叶片质地坚硬的种类较特殊，可耐一定低温；一些种类如果保持10℃，它们就能很好的生长。狭叶水塔花在5℃的低温条件下可缓慢生长。原产于智利的一种凤梨科植物（*Fascicularia bicolor*），习性强健，比较特殊，作为园林植物种植在阳光充足的岩石地上，或种于大盆或木桶内，放置在水泥地上都可以。甚至冬季被覆盖在雪下，仍可存活。说明它生长的最低温度比狭叶水塔花还低。随原产地的不同，凤梨科植物生长的最高温度大约在35~40℃。最适温度在20～25℃之间。

光照

与其他室内植物相比，凤梨科植物适应环境的能力较强。原产雨林的凤梨科植物对光的适应能力强。在阴暗或阳光下都能生长，但必需避免夏季强烈的直射阳光。光线与温度是密切相关的，一般来说，凡是喜高温高湿的种类，不耐强光照射，多喜欢半阴的环境。耐低温的种类则可以多晒太阳，夏季遮光也不宜过多。对于原产沙漠地区的凤梨科植物来说，强的日光对其生长大有好处，很少有不良影响。在大规模商品化生产中，观赏凤梨的光照强度在18000～22000lx之间。

水分

凤梨科植物对水的要求很不一致。那些原产雨林的植物对空气湿度的要求较高，不适宜在干燥、缺水的环境中生长。每天应喷水或喷雾帮助保持较高的空气湿度。但是，植物的根部不需要过分的潮湿，也就是说土壤含水量不要高。

沙漠环境中生存的那些属对水分需要相对少是自然形成的。干燥对植物生长影响也不大，但莲座状叶丛中最好灌满水，叶丛中若无水，则生长极其缓慢。实际上，所有的凤梨科植物抗干旱能力都很强。植物失水2～3周是不会死亡的。

栽培养护技术

风梨科植物种类很多，对环境条件的要求也不一样，但作为商品化的观赏凤梨来说，对所处环境并无特殊的要求，一般的家庭中都可以满足其生长条件的要求。栽培观赏凤梨，可以参照兰花的管理，但绝对比兰花好管理。附生性的观赏凤梨和热带兰生活习性差不多，可放在一起栽培。其实，栽培观赏凤梨并不比栽培其他的植物困难多少,掌握了方法,也是很容易的。这需要考虑不同观赏凤梨的生长条件，重要的是管理每一种植物需要用相应的方法。在分类上的同一属植物并不一定需要明确的同一类管理，要区别对待。例如，虎纹凤梨是喜阴的；然而，垂花莺哥（*Vriesea rubyae*），外形看上去像铁兰，喜欢良好的光照。

产于雨林中的凤梨科植物多数是以附生形式生长的，围绕着根部只有少量的堆积物，如腐叶、朽木等。因此，大量能被植物利用的物质比如空气和水分都存在于周围环境中。在选用栽培基质时要充分了解这一点。

对于附生的观赏凤梨来说，常用的壤土、腐叶土、堆肥土是不适合的。由于透气性差，植物会生长不良，直致死亡。应该使用优质的泥炭土，并加入一些沙和木炭粒。以达到疏松、透气良好的目的。可用3份草炭土、1份沙加1份木炭粒混合配制。水苔、蕨根、树皮或松针也能用；在不同的地区，也可以用别的基质，但必需透气性好，排水性好。栽培的盆，

商品化生产因解决了基质的透气问题，一般用塑料盆，家庭中也可以用瓦盆、木框、盆壁有孔的花盆。在上盆时需要注意一点，植物要栽种牢固些。栽种时，潮湿的基质能很牢固的将植株栽稳。此外，栽种附生凤梨时所用的盆以小盆、浅盆为主，比相应大小的其他植物用的盆要小一号。因附生凤梨的根吸收作用很弱，不需要从栽培基质中大量吸收养分。由于观赏凤梨本身的特性，用大盆、深盆栽种时，生长发育会变差。

地生的观赏凤梨如艳凤梨用普通的培养土栽种就可以了，并可加少量的底肥。

沙漠中的种类如雀舌兰属在等量的壤土、沙和泥炭的混合物中会很好地生长。

旱生的铁兰比较特殊，不适合上述方法栽培，它最适宜生长在树皮的粗糙表面，如接骨木、仙人掌类的骨架上。家庭中栽种可用水苔包裹铁兰，外面用树皮块固定，然后挂在

组合盆栽

阳光充足的地方，经1个月的生长，铁兰会长出新的锚一样的根，使它们嵌入到基质中。

组合栽培，挑选习性相似的不同种、属的观赏凤梨栽培在一个较大的容器中，可提高观赏效果。比如在挂篮中以苔藓为基质，依次栽入狭叶水塔花、彩叶凤梨、姬凤梨，效果就很好。

换盆的作用主要是补充盆土中的肥料。正常生长的观赏凤梨一般不需要换盆，叶面喷肥可满足植株对肥料的需求。此外，观赏凤梨开花后母株死去，若不分株繁殖，可让生长出的新芽在原盆中自由生长。

温度

观赏凤梨对温度的要求是，最佳生长温度20～25℃。夏季以25～30℃为好，稍高一些也无妨。在北京地区，温度有时达到近40℃，观赏凤梨也能忍受，并可正常生长。冬季温度不低于10℃，多数种类生存不成问题。当然，温度高一些达到15℃，会更利于植物过冬。在日夜温差为10℃时，更适宜观赏凤梨生长。

从属的情况来看，姬凤梨属、果子蔓属、丽穗凤梨属要求温度较高，而光萼荷属和水塔花属温度可以稍低一点。在短期2～3℃的低温条件下，狭叶水塔花仍可存活。

在一些特殊的情况下，如天气的异常变化，导致温度极剧下降，又不可能对植物的栽培场所进行加温，此时应注意土壤要保持干燥，不可再浇水，并降低环境的湿度，可以提高植物对寒冷的抵抗能力。

在寒冷的地区，为使原产热带、亚热带的植物存活，冬季加热是不可避免的。幸运的是，观赏凤梨很适应加热的条件。

光照

栽培好观赏凤梨，光照是一个很重要的条件，光照的时数和强度对植物有很大的影响。原产热带雨林的叶片柔软的观赏凤梨更喜欢半阴环境，因此在光照强时需遮荫。强烈的光照会导致叶尖和叶缘的灼伤。原产其他地区的凤梨科植物则需要稍强的光照，有的还需要一定量的直射光，这种光可以帮助叶片保持条纹和色彩鲜艳。将这类植物放在过荫的环境中，叶片的特征将逐渐消失。对于一些栽培品种，特别是金边或花叶品种，由于光照强度的不同，会使叶片的色彩发生明显的变化，差异很大。只有在相同的光照下，表现才会趋于一致。沙漠中生长的属，披着灰色绒毛的小型附生植物，喜欢较强的阳光，在家中，应放在南向的窗边，在冬季日照不足时，应该补充一段时间人工光照。若光线不足，则叶片

金边凤梨（因光照强度不同，叶片呈现不同的颜色）

三色凤梨（因光照强度不同，叶片呈现不同的颜色）

细长且薄，并且不易开花。在高湿度的条件下，光照的强度可适量增加。此时，植株会加快生长。由于高的空气湿度影响，强光也不会灼伤叶片。

水

凤梨科植物对水的要求很不一致。那些原产雨林的植物要求喷水、喷雾帮助保持空气湿润，对于这类凤梨来说，喷水比浇水更重要。但是，植物的根部不需要过分的潮湿。栽培基质含水量高，排水性及通透性不良，使根长期处在水湿的状态，常会造成烂根、烂心。

叶片质地坚硬的类型允许短时间的干燥。那些中心叶片紧密的类型可以装一小部分水。对于那些明显即将开花的，或被霉菌传染了的植株，叶片中心不可装水。

沙漠环境中生存的那些凤梨科植物自然形成了需要少量水分的适应性。并可忍受干旱。因此，这些植物从不会轻易死去。春夏期间每周浇水一次就可以了，秋冬更要减少水量，要根据房间的温度和植物的生长情况确定浇水量。比如，铁兰生长在木头上，雾气中的水分就够生长使用的了。

根据季节确定不同的喷水、喷雾次数。在生长期间，早、晚喷水是最好的。然而，在寒冷的月份，植物生长缓慢或休眠，每周喷水1～2次就行了。在冬季，当室内温度低于15℃时，应停止喷水。如果室内过于干燥，也只能在中午温度相对高时，在地面和植株周围洒水，以缓解干燥。在水质偏硬的地区，尽量使用雨水浇植物，因为这些地区的自来水呈碱性，水中的矿物质会残留在叶片上，形成白斑，使叶片很难看。

观赏凤梨类属喜酸性土植物，要求水的pH值小于7，长期使用偏碱性水浇灌，容易造成植株对营养吸收不良，并引起心腐病的发生。

湿度

最适宜观赏凤梨生长的相对湿度介于50%～75%之间。湿度低于40%，植株生长变慢，叶片干涩，显得无生气。湿度高于80%，植株容易发生徒长和发生病害。

通风

凤梨科植物与大部分的附生植物一样，喜欢通风良好的生长条件，因此喜欢攀附在高处生长。流通的空气可带来新鲜的水分供植株使用。在通风不良时，会造成氧气和二氧化碳的缺少，使植物生长缓慢。但过度通风，对观赏凤梨的生长也不合适，会造成叶尖干枯。

肥料

观赏凤梨的根部吸收能力弱，主要起固定植株的作用。施肥以叶面喷肥为主，氮磷钾可用1∶0.5∶1的比例，肥料浓度0.1%～0.2%，生长季节每周施用一次。叶筒内也可放一些肥料。地生种如艳凤梨可以多进行根部施肥，用一般的腐熟性肥料加水稀释即可。对于观赏凤梨来说，叶面喷肥是主要的，根部施肥只是起补充作用。冬季，可停止施肥。

生长期和休眠期

观赏凤梨有相应的生长期和休眠期，多数冬季为休眠期，温度、光照、水分、湿度都不宜太高，温度控制在15℃。生长期要求的生长条件应尽量满足，特别是肥料的供给。

病虫害防治

观赏凤梨叶片多革质，叶面或多或少被有蜡质鳞片，极少受病虫的危害。在自然环境中，凤梨科植物遭受虫害袭击后可能会很快死去。然而，在栽培条件下就好多了，很容易防治。喜欢危害仙人掌和多肉植物的介壳虫也是凤梨科植物的主要敌人。

介壳虫通常成群出现，集中在植株的叶片上，介壳虫能对植株造成较大的伤害。并使植株变的难看。彩叶凤梨属、光萼荷属最易受介壳虫危害。

化学控制是很有效的。用1000倍的氧化乐果或2000倍的速扑杀溶液连续喷洒3次可消灭介壳虫。少量的介壳虫用刷子即可刷掉。

温室蜘蛛可不作为一类温室虫害对待，却是很讨厌的东西。因为它们在植株的上面织网，以便移动身体。可人工捕捉。

真菌病害对观赏凤梨影响不大，据资料记载，在商品的光萼荷生产上有一种真菌可以对其进行攻击，但在小数量的植物上未发现此问题。

对彩叶凤梨属和巢凤梨属需要注意一个问题，花后保留中心叶丛容易结果，太湿会容易受真菌攻击。解决办法是定期更换新水。

病毒病的侵害可使观赏凤梨的花穗弯曲，叶片变褐。此病无药可治，发现病株，应及时拔除，防止其他植株受害。

心腐病属常见病害，叶丛中心变软，腐烂。这是长期使用碱性水或在水塔中放的肥料浓度过大引起的。调节用水的酸度，注意使用肥料的浓度，即可解决这一问题。

总的来说，观赏凤梨的病虫害较少，且容易防治。

繁殖技术

播种繁殖

播种的特点是提供苗数量多。花后，植物又可以提供种子。在自然环境中，一些种类如虎纹凤梨能自花授粉结实。但一些种类却不能，种子的获得需要昆虫帮助授粉。水塔花属在花期能提供授粉的时间很短。还有一些种类的花仅在夜里开放。温度是影响授粉成功的另一个方面。在人工栽培条件下，由于缺少适宜的昆虫传粉，只有进行人工授粉，才能结实。当果实成熟后，可以收集并将种子取出，用清水冲洗作简单的消毒，清理掉种子上的毛，挑选出饱满充实的种子，晾干后，装入纸口袋后放冰箱中保存。多数属的种子可以保持几个月的生存能力，贮存时间长的种子发芽将受到妨碍，发芽率降低。

1. 播种时间

一般分为春播和秋播。春播苗生长期长，秋播苗的幼苗生长期正逢冬季，不如春播苗好。在有温室的条件下，春播和秋播差异不大。

2. 播种方法

播种用的土壤要求没有土块和大的颗粒，这样的土壤适宜种子发芽和生根。用筛过的泥炭土播种效果更好。加入碎木炭可以更有效地保持水分。播种前最好先浸种，这样可提高发芽率，还可防止播种浇水后，细小种子漂浮在盆土表面。

播种时，先将培养土装入播种盆中，并将盆土压实，再用刮板刮平土面。将种子均匀地撒入盆中，然后按种子大小覆上一层薄薄的细土，观赏凤梨的种子一般较小，覆土厚度大约为3～4毫米。浇水可用细眼喷壶喷水，但最好用浸水法将播种盆置于水槽中，让水分由盆底部向上渗透，直至整个土面湿润为止。然后将盆面盖以玻璃，以减少水分蒸发，将盆置于阴处，等待种子萌发。

在家庭中少量播种还有一种清洁材料可利用，用海绵播种。将海绵浸入水中取出稍控水后，将种子播在海绵表面，并包上塑料包。发芽后，将海绵切成薄片，每片上有一些发芽的种子。移入混合土中。在松针土中，或具有良好保湿功能的材料上。

凤梨科植物多数种子的发芽温度在21～24℃。播种盘上加盖一块玻璃可使发芽效果更好。依靠种子本身的能力，发芽时间需要6～10天。

3. 播种后的管理

播种后，土壤要保持湿润，早晚将玻璃掀开数分钟，以通风透气。当明显看出种子发芽后，由于盖玻璃会减少光照，并使播种盆内湿度过大，要移开玻璃，降低盆内湿度，并允许一定强度的日光照射。在给予良好的光照条件时。绝对避免盆土变干。注意观察保持盆土的湿润。在这段时间里，盆土变干对发芽的种子是致命的危害。在种子发芽期间，还要注意防止生长藻类。

4. 分苗

当幼苗长到2.5厘米高的时候，可以分苗，扩大株、行距移植到另外的播种盆中。并经常喷雾防止空气干燥，以利于缓苗。同时喷杀菌剂防治病害。

在幼苗生长期间，可以使用稀释的肥料，浓度为追肥浓度的1/3～1/2。注意观察幼苗生长情况，在幼苗足够强壮时，适时移栽到单个容器中，并注意光照和水分的供给。

营养繁殖

凤梨科植物的营养繁殖主要是通过分割吸芽或蘖芽分株繁殖，但分株苗多无根，多需进行扦插生根后再盆栽。分株繁殖系数小，但开花时间短于播种苗。

1. 营养繁殖的优点

营养繁殖的植株到达成熟的时间比播种苗早的多。可以更早的展示它们自然的特点和色彩。此外，对于人工培育的优良品种，如姬凤梨属、彩叶凤梨属、丽穗凤梨属中的品种，有的能结实，有的不能结实。既然一些品种的花不易结实提供种子，则营养繁殖比播种更可靠。另外，无性繁殖可以保持优良品种的特性，可产生和母本植株相同的幼苗，不会产生变异。

多数凤梨科植物具有开花一次性的特性，即一棵植株一生只开一次花，只结一次果，然后，植株逐渐死亡。个别属（如雀舌兰属）除外。这意味着每棵植物生长成熟开花，然后死亡。但在开花前后，在老植株的根部或茎基部可以产生一个或数个蘖芽，在随后的几个月中，蘖芽逐渐成熟，母株逐渐死亡。

很明显，蘖芽最适生根时间是在生长旺期，春季到夏季。如果栽培场所有良好的加温设备，则任何时候都是适宜的。若植株被放置在散热器旁，则会提高下部温度，生根速度将加快。被用于播种的泥炭土和苔藓同样适用于栽培蘖芽。

不同属的蘖芽或吸芽的生长方式是不同的。姬凤梨属的小植株围绕着成熟的中心叶丛生长。它们与母株的连接不紧密，容易移栽。如果一批小芽被切下，母株会长出更多的小

果子蔓周围产生萌蘖株长成丛状

植株，有时可达到7～8个。水塔花属有的种会从根部长出1～3个小植株。从母株的茎上向周围长出。但通常会不均匀的长在植物的一边，等到长大后可以在连接处切开。

光萼荷属母株产生的小植株紧贴母株，生长缓慢，它需要长到一定长度后才能与母株分离，此时小植物一般都会长出或多或少的根，这时移栽很容易成功。

叶片坚硬的彩叶凤梨属可以根部产生小植株，但叶片柔软的类型和巢凤梨的芽子生在叶丛中央过近。在试图移走小植株之前，老叶丛外围的叶片很容易死亡。那时它们会长到适当的高度，更容易处理。丽穗凤梨属也可以长出新的小植株，不幸的是它出现在老叶丛中间，即使小植株长大后，也可能没根。并且繁殖系数低，一般只有1苗，少有2个。本属植物获得大量植物的方法是播种。铁兰属的繁殖相对较难，它们可以几个月缺水而仍然存活，芽子生长在老叶丛的中间部位。老人须对条件的需求更少，只需捆在附着物上挂在高处就行了。

2. 方法

在吸芽或蘖芽长至适当大小时（约10厘米长），用刀将芽从母株的基部切下来，去掉最下部的几片小叶子，再用刀将基部削平，使伤口容易长好。多数种类可以直接盆栽，有的种类需扦插生根后再盆栽。如艳凤梨的芽即使长的大了，也很少带根，冠芽更是无根，一定在扦插生根后再上盆。上盆的幼苗一律要注意遮荫，待恢复长势后，再按照对光的不同要求，放置在适宜的位置上。幼苗生长温度可适当高些，以25℃为好，且时间以春季为好。

切除蘖芽的母株要继续进行管理，主要是进行叶面喷肥。不久之后，从母株上会再次长出蘖芽供繁殖用。如此反复进行，一棵母株大约可繁殖10株幼苗。需要说明的是，母株开花后，生命力减弱，第一次长出的蘖芽如不及时切除，越长越大，会加速母株的死亡，并不再长出新的蘖芽。只有切除先长出的蘖芽，才会刺激母株长出新的蘖芽。

水插法 在家庭中少量繁殖植物，水插是相对洁净、省事的。一些凤梨科植物可以水插，比如水塔花，水插也可生根。但时间稍长。对于园艺爱好者来说，不妨一试。

组培繁殖 观赏凤梨中只有少数是原生种，大多数是杂交种或选育出来的品种，不能使用播种法繁殖，扦插繁殖速度又慢，在商品化生产中，组培法繁殖是最有效的方法。不仅提供种苗数量大，而且植株整齐，便于管理。

下面简单介绍彩叶凤梨的组培方法：

幼芽经消毒后切取0.3～0.5厘米长的嫩茎，将其纵剖成4块，接种于MS附加6-BA1毫克/升，NAA1毫克/升的培养基内，3个月后外植体形成愈伤组织，并逐渐分化出芽，诱导率约为60%。待幼苗长高后，切下转入1/2MS+NAA4毫克/升培养基上生根。

花期控制

凤梨科植物生长缓慢，到达开花的时间比较长。不同属的凤梨科植物成熟后会开出不同大小的花，所需时间是由种本身的特性和栽培条件决定的。

对于播种苗来说，如姬凤梨，需3年时间开花，大一些的种类如光萼荷属和果子蔓属的植物，需5年时间开花，生长慢的属开花需7年时间或更长。分株苗开花时间较短，但也需要2年时间。因此，在实际工作中，要根据植物的生理、生态的特性，去改善栽培环境的光照、温度、湿度等条件，并加以生理调控，可缩短植物到达成熟开花的时间。据资料记载，从幼苗起喷施低浓度的乙稀，可加速植物成熟，提前1/3时间开花。

凤梨科植物随种类不同，有的在冬春开放，有的在夏秋开放。若想控制其花期，需用药物处理，就可使观赏凤梨在一年四季按照人们的要求开放。

最初进行凤梨科植物催花是在偶然间发现的。一园艺场在用火生烟时，发现烟熏能促进凤梨科植物提早开花。经专家研究，发现是烟中含有的乙烯在起作用。以后又发现生长素中的萘乙酸可促进开花。

下面介绍几种促花方法：

（1）用Hopine（商品名）800倍稀释液倒入植株心部，每株5毫升。

(2) 5～10克电石泡入1升水中，将此溶液倒入植株心部，每株5毫升。

(3) 5～10毫克/升萘乙酸（NAA）倒入植株心部，每株5毫升。半月后，再同样处理一次。

观赏凤梨催花应注意事项：

(1) 植株已经生长成熟且有较多的叶片（14月龄以上的植株），生长时间过短的植株，如何处理也不会开花。

(2) 植株生长不可过于旺盛。

(3) 处理前2个月至处理后可见花序期间，要加强光照，有利于催花。

(4) 因药液容易分解，故应随用随配。

按上述要求处理的植株，在2～3个月后即可开花。

观赏凤梨的花期很长，采取简单的措施，便可延长花期，中心少灌水，放在光线暗淡处，有少许散射光即可，降低环境温度。

在家中处理少量植株，还有两种简单的方法：①将一棵植株和两个熟苹果放于塑料袋中，密封一段时间至苹果烂熟，在苹果烂熟过程中可产生乙烯，促进开花。②将植株推倒，水平放置，其体内生长素会失衡，并重新分布，促进了花芽分化，从而提前开花。

观赏种及品种

凤梨科植物虽然属、种繁多，但作为观赏凤梨来栽培的只有十几个属，并以果子蔓属和丽穗凤梨属为主。但它们的杂交种和栽培品种却琳琅满目，难以计数。

广泛栽培的属种：

光萼荷属 *Aechmea*

光萼荷属 *Aechmea* 又称蜻蜓凤梨属。

本属植物多原产巴西，约有150种。在栽培种中属于大型种，叶片宽阔，革质，叶缘有刺。苞片颜色以红色、紫色居多。叶面被有灰色鳞片的种类喜强光，有的可在露地栽培。大部分种类可耐低温，但不耐霜冻。开花后在植株基部长出蘖芽，待芽长至10厘米长时可切下分株繁殖。

光萼荷 *Aechmea chantinii* 原产亚马孙河流域。莲座叶丛开，叶橄榄绿色，具灰白色的横条斑。花序稍高出叶丛，呈短三角形，苞片橙红色，小花黄色。

美叶光萼荷 *Aechmea fasciata* 又称蜻蜓凤梨，原产南美巴西东南部。叶被蜡质灰色鳞片，绿色，有虎斑状银白色横纹，边缘有坚硬的黑色小锐刺，花葶直立，穗状花序呈阔圆锥状。苞片淡红或深红色，有小花上百朵，初开蓝色，后变成桃红色。整个花序可观赏3～4个月。花期夏季。

金心光萼荷 *Aechmea fasciata* ‘Variegata’ 为蜻蜓凤梨的栽

金心光萼荷

亮叶光萼荷

培品种，叶片中心为黄色宽条纹，占叶宽的1/2。无花时可作观叶植物使用。

银边光萼荷 *Aechmea fasciata* 'Albo-maginata' 是蜻蜓凤梨的栽培品种，叶片中心绿色，边缘为白色。是良好的观花观叶植物。

玛雅光萼荷 *Aechmea* 'Maya' 叶带状，穗状花序有分枝。苞片砖红色，小花淡紫色。

亮叶光萼荷 *Aechmea fulgens* 又称珊瑚凤梨，叶片淡绿色披白粉，质薄。圆锥花序呈珊瑚状，苞片鲜红色，花瓣浅紫色。其变种紫背珊瑚凤梨（var. *discolor*）叶背紫红色，更具观赏价值。本变种下又有一栽培品种花叶紫背珊瑚凤梨（'Variegata'），叶片边缘黄白色。

垂花光萼荷 *Aechmea racinae* 又称拉辛氏光萼荷，植株较小，叶子鲜绿色，柔软光滑，花梗下垂，其上着生黄及黑色的花，在圣诞节前后会结橘红色的果实，一直到翌年的4月份才会掉落，适宜吊挂栽培。

玛雅光萼荷

铜叶凤梨

曲叶光萼荷 *Aechmea recurvata* 叶片狭长，可达70厘米，向外反曲。穗状花序，花粉红色。开花时中心部的叶片变为红色。

褐斑凤梨 *Aechmea orlandiana* 株型似水塔花，叶面绿色，叶背有黑褐色和白色不连续横纹，苞片浅红，花黄色。

铜叶凤梨 *Aechmea luddemanniana* 原产墨西哥、洪都拉斯。属中型种，叶宽线形，长达40厘米，绿色，有金属光泽，并有暗绿色小斑点，叶基部呈铜黄色。圆锥花序，苞片不明显，花玫瑰红色。极易结实，果蓝色或白色，后渐变紫色。

美叶光萼荷

凤梨属 *Ananas*

凤梨属 *Ananas* 本属产热带美洲。

植物叶细长呈长线形，叶缘通常具有尖锐的刺和锯齿。顶生穗状花序密集成卵圆形，花后形成聚合果，果实顶端也会长出一簇短叶。本属喜光，在原产地即生长在无遮荫的地方，不怕直射光的照射。在华北地区，春季出房后，可直接在室外生长，无需遮荫。若光线不足，叶片上美丽的色彩即减弱。生长适温25℃左右，对水要求不严，有一定耐旱力。越冬温度10℃。北方栽培的凤梨属植物很少有自然开花结实的，必需用乙烯诱导开花。通常扦插繁植，在茎部和果实上可生长出蘖芽，上部芽也称冠芽，待芽长大时可将其切下，阴干后扦插，容易生根。

凤梨 *Ananas comosus* 北方称菠萝，是艳凤梨的原生种，在我国南方作为水果栽培。叶簇生，剑形，绿色。花后所结果实即人们

菠萝

艳凤梨

矮凤梨

吃的菠萝。

艳凤梨 *Ananas comosus* 'Variegata' 是食用凤梨的一个花叶园艺品种，叶片中央绿色，叶缘乳黄或粉红色，叶尖及叶缘着生有红色锐刺。是本属中主要的观赏种。

金心艳凤梨 *Ananas comosus* 'Porteanus' 栽培种。叶片中部金黄色，边缘浓绿色。所结聚花果橙红色。

金边艳凤梨 *Ananas comosus* 'Aureovariegata' 叶片中央绿色，边缘金黄色，无杂色。

苞叶红凤梨 *Ananas bracteatus* 株形较凤梨大，叶片铜绿色。果实红色，个大。栽培种有斑叶红凤梨 *A. bracteatus* 'Striatus' 叶扁平，中央铜绿色，叶缘是象牙黄和红色的混合色。

矮凤梨 *Ananas nanus* 又称短叶凤梨。原产巴西，凤梨属中的小型种。株高约30厘米，冠幅不超过40厘米。花梗上所结聚花果仅15厘米长。栽培品种有矮生花叶凤梨 'Variegata' 叶片长仅10厘米，叶边为乳白色或间有粉红色。

艳凤梨

水塔花属 *Billbergia*

水塔花属 *Billbergia* 本属约有50余种，从巴西南部至墨西哥都有分布。

叶带形，绿色，边缘有稀疏的细锯齿，表面有较厚的角质层和吸收鳞片。叶紧密抱合成莲座状，使中心明显成为杯状。小花多无梗，苞片大、明显、色彩鲜艳。惟观赏期较短是其缺点。水塔花属喜光，宜在较强的散射光下生长。春秋可遮光30%，夏季可遮光50%。生长季节水塔花心部要保持有足够的水。本属植物耐寒力较强。越冬温度10℃即可。若温度在15℃以上时，植株可不休眠继续生长。生长成熟的水塔花，即使尚未开花仍可在植株基部长出蘖芽供分株繁殖使用。水塔花新芽为红色，稍长大后转为绿色。

水塔花 *Billbergia pyramidalis* 又称红藻凤梨，穗状花序直立，高出叶丛。苞片橙红、粉红色，花冠朱红色。开花时极为耀眼，是观赏凤梨中花朵最漂亮的种类之一。

火炬水塔花 *Billbergia pyramidalis* var. *concolor* 为水塔花的变种，叶片宽于原种，全株金绿色。冬季开花。

金边水塔花 *Billbergia pyramidalis* ‘Variegata’ 为水塔花的栽培种，形态与水塔花近似，惟叶边有黄绿色的宽纵向条纹。花同水塔花。

狭叶水塔花 *Billbergia nutans* 叶细长，花茎细高而稍弯曲。穗状花序短而下垂，可耐5℃的低温。狭叶水塔花株型较小，通常十株左右在一起盆栽。春季开花。

狭叶水塔花

玫瑰红水塔花

带状水塔花

花叶水塔花

玫瑰红水塔花 *Billbergia rosea* 植株相对高大，约50厘米，叶灰绿色，花葶伸出后弯曲下垂，花序上的苞片为玫瑰红色，花期短，仅15天左右。

斑叶水塔花 *Billbergia* ×*fantasia* 又名黄点水塔花，是一杂交种，叶片上具有多数黄或白的斑点，花序下垂，苞片猩红色，花蓝色。

带状水塔花 *Billbergia vittata* 叶片橄榄绿色，上有银白色的横纹。苞片鲜红色，萼片深蓝色，花绿色，顶端为紫色。

绿花水塔花 *Billbergia viridis* 原产巴西东部。小型种，叶端截立状，绿色的叶片上有象牙色的斑点。花序苞片玫瑰红色，花瓣绿色。

花叶水塔花 *Billbergia* 'Fascination' 栽培种，叶细长，绿色的叶片布满黄色和奶白色的斑块。穗状花序下垂，苞片艳红色。开花时引人注目。

姬凤梨属 Cryptanthus

姬凤梨属*Cryptanthus*又称隐花凤梨属，是凤梨科中最矮小的属之一。

本属多数原产巴西，约20种。叶质硬，椭圆状披针形，叶边波状有小刺。花小，白色或浅绿色，隐生于叶丛中。因植株小，最好用小的浅盆栽植。栽培环境要求有明亮的光照。叶的色彩和斑纹在阳光充足处才能更加鲜艳，若光照不足，则色彩暗淡。姬凤梨植株小，根系浅，叶丛中贮水量也小，耐干旱能力较差。盆土要经常保持湿润，但不可积水，并需要较高的空气湿度。施肥时要注意肥的浓度和用量，以免发生肥害。冬季室温在15℃左右即可。通常在春季用分株法繁殖。姬凤梨属株形小巧，是制作瓶景的好材料。

姬凤梨 *Cryptanthus acaulis* 又名海星花，株高仅8厘米。莲座叶丛贴地而生，平展，几乎无茎，外轮叶腋间具匍匐茎。叶片绿色，反曲，背面有白色小鳞片。小花白色。

纵缟姬凤梨 *Cryptanthus bivittatis* ‘Pinkstar’ 又称双条

环带姬凤梨

带姬凤梨。叶片上有两条粉红色的彩带，叶心及叶缘褐绿色。

纵缟姬凤梨

环带姬凤梨 *Cryptanthus zonatus* 植株冠幅可达40厘米。叶面上有绿色、灰白色相间交错的横向条纹。叶背有白色鳞片。花白色。

长柄姬凤梨 *Cryptanthus beuckeri* 原产非洲南部绿色叶片上有淡褐色斑纹。叶形为汤匙状，在本属中很特殊。

白缘姬凤梨 *Cryptanthus bromelioides* 株高约10厘米。叶宽披针形，先端细尖。叶片中央绿色，叶缘为淡黄白色。有的叶色则变化为浅黄色，中央有绿色纵向细条纹。

玫瑰红姬凤梨 *Cryptanthus* 'Roseus' 叶面中部为暗绿色，叶边缘呈玫瑰红色。

彩环姬凤梨 *Cryptanthus fosterianus* 叶灰绿色，披有深浅不同的褐色或玫瑰红色横纹。

玫瑰红姬凤梨

小雀舌兰属 *Dyckia*

小雀舌兰属*Dyckia*具坚硬多刺的叶，大部分种类叶背被银白色鳞片。

花茎从叶腋中长出，不是从莲座叶丛中心长出。因此植株不像凤梨科其他植物开花后会死亡，而是继续生长。花梗较长，花小，不鲜艳。本属植物原产地的情况是炎热干燥。因此，植株耐旱能力强。在栽培中注意选用排水良好的基质，浇水要适量，少些亦无妨，千万不要多浇水。施肥每月一次即可。越冬温度10℃。

小雀舌兰

小雀舌兰

Dyckia altissima 无茎，叶披针形，坚硬，淡灰绿色，叶背面色更淡。叶缘有锯齿。总状花序侧生，总花梗长，花橘黄色。

多齿雀舌兰

Dyckia fosteriana 叶片灰绿色，簇生，老叶下垂至盆边，形成一个叶帘。花橘红色，春、夏开花。

疏花雀舌兰

Dyckia rariflora 株型小，叶片灰绿色，花橙色。

果子蔓属 *Guzmania*

果子蔓属 *Guzmania* 又称擎天凤梨属，约120种，分布于美国佛罗里达州南部、西印度群岛、巴西。

本属叶片多为线形或带状，边缘光滑无刺。花茎高高伸出叶丛，以展示美丽的苞片。在凤梨科植物中，果子蔓属是喜阴的种类，更适宜于室内栽培。日照强时极易发生日灼，遮荫在管理中显得尤为重要。多使用苔藓栽植。生长季节叶丛中不可缺水，耐寒力较弱，冬季室温不可低于15℃，并使盆土适当干燥。18℃以上时，可继续生长。通常用分株繁殖。扦插不易生根。本属在观赏凤梨中占有重要位置，因园艺品种太多，一般将苞片颜色相近的品种归为一类，如苞片颜色为红色的统称为“红星”，苞片颜色为黄色的统称为“黄星”。

果子蔓 *Guzmania insignis* 又称锦叶凤梨。叶片上部黄绿色，基部带浅红色，质软。花茎长约30厘米，苞片深红色，小花黄色，

果子蔓

红星果子蔓

赞氏果子蔓 *Guzmania zahnii* 叶片修长，具红色细条纹。苞片红色，花黄色。

红星果子蔓 *Guzmania × magnifica* 杂交种。花期可长达4个月，花序稍伸出叶丛，苞片鲜红色，小花白色。

斑叶红星 *Guzmania × magnifica* 'Fire crown seriata' 叶中心有白色或浅黄色条纹，花序稍伸出叶丛，苞片淡红色。未开花时形似银心吊兰，真假难辨。

单穗果子蔓 *Guzmania monostachia* 叶线形，较直立。穗状花序呈棒状。上部苞片鲜红色，下部苞片浅绿色，有深紫色条纹。小花白色。

丽宝果子蔓 *Guzmania* 'Limbo' 叶片长线形。穗状花序较

韦氏果子蔓

丽宝果子蔓

花叶果子蔓

火炬凤梨

细，苞片窄披针形，上部的纯白色，下部苞片浅红色，先端绿色。

宝石果子蔓 *Guzmania* 'Jwendolyn' 又称红宝星。穗状花序自叶丛中伸出，苞片宽披针形，淡紫红色，近基部的苞片先端绿色，小花白色。

花叶果子蔓 *Guzmania* 'Variegata' 叶片中央绿色，叶缘为白色宽条斑。穗状花序高出叶丛，苞片红色。

黄苞球果子蔓 *Guzmania musaica* 叶绿色。苞片红色，较短小，每一苞片内有小花十几朵，整个花序聚成球状。

韦氏果子蔓 *Guzmania wittmachii* 叶绿色。苞片下部绿色，上部紫色，每一苞片有白花一朵。

火炬凤梨 *G.* ' Torch' 叶片宽大，先端浑圆。橄榄绿色。花序下面的苞片直贴，带紫红色，上面的鲜红色，穗状花序形如火炬。小花猩红色，先端带黄色，柱头蓝色，雄蕊黄色。

彩叶凤梨属 *Neoregelia*

彩叶凤梨属 *Neoregelia* 又称羞凤梨属。

本属特点是莲座叶丛扁平，叶片宽。叶的色彩变化多，花序隐生于叶丛中，不甚美丽。在开花前，中心叶丛会变为红色，是主要的观赏部位。是室内理想的观叶植物。本属植物喜明亮的光照，叶片色彩在阳光较强时分外艳丽，在阴暗处则色彩暗淡。彩叶凤梨不宜多施氮肥。开过花的植株仍需正常管理，叶片可继续观赏约半年。在20℃以上时生长良好，冬季最低温不可低于10℃。春季花后植株可长出多个小芽，待长至8厘米高时（可长出1～2条幼根），可用利刀切下，稍晾干伤口，直接栽种在培养土中。大量繁殖采用组培法。

彩叶凤梨 *Neoregelia carolinae* 又称五彩凤梨。株高20～25厘米。叶片带状，宽薄，叶缘有细锯齿。叶丛中央的叶片，在开花

三色彩叶凤梨

金边彩叶凤梨

红瑞奥彩叶凤梨

端红彩叶凤梨

红杯彩叶凤梨

前逐渐转变为鲜红色，是观赏的主要部位，观赏期可达半年之久。花序埋于叶从中，花小，蓝紫色。

三色彩叶凤梨 *Neoregelia carolinae* 'Tricolor' 叶片绿色，中央具黄色条纹，成熟植株内轮叶片基部深红色。

金边彩叶凤梨 *Neoregelia carolinae* 'Flandria' 叶丛较开展，叶片中间绿色，边缘金黄色。

红杯彩叶凤梨 *Neoregelia carolinae* 'Meyendorfii' 又称麦道凤梨，与彩叶凤梨相似，只是开花时中心叶片更红。

端红彩叶凤梨 *Neoregelia spectabilis* 叶片绿色，基部带紫色，叶先端钝，红色并有一尖头。小花蓝色，花期春夏。一般上午花开，下午花瓣内卷闭合。

红瑞奥彩叶凤梨 *Neoregelia* 'Red of Rio' 株型小。叶片淡暗红色，开花时变为暗红色。小花上部紫色，下部白色。

巢凤梨属 *Nidularium*

巢凤梨属*Nidularium*植物约有20余种，多为中、小型附生植物。

莲座叶丛似鸟巢。叶条形，叶缘有小锯齿。开花前，中心叶丛会变为红色。巢凤梨属喜光，耐荫性也强，夏季可遮光40%，春秋季可少遮光，冬季尽量多见阳光。栽培时宜用酸性土。生长季节需较多的水分，但需避免积水，并经常在四周喷水，增加空气湿度。生长适温22～28℃，越冬温度不低于15℃。通常用分株法繁殖。巢凤梨的蘖芽从叶腋间长出时在芽下带有一个长柄，使蘖芽与母株远离，当蘖芽长出7片叶子时，可在蘖芽与母株结合处切开，连同蘖芽下的柄一同上盆栽植。

银线鸟巢凤梨

巢凤梨 *Nidularium innocentii* 叶片条形，绿色杂有紫红色，叶缘有细锯齿，叶片常呈拱形外垂。植株快开花时，莲座叶丛中心一小簇较短的叶片变成红色。小花白色。

银线鸟巢凤梨 *Nidularium innocentii*'Lineatum' 又称白纹巢凤梨。叶片绿色，上面密生黄白色细纵条纹。苞片下部绿色，上部暗红色。

金线鸟巢凤梨 *Nidularium innocentii* 'Striatum' 叶片深绿色，上有乳黄色宽条纹，苞片艳红色，花白色，夏季开放。此品种对温度敏感，喜好温暖的气候。

松伞巢凤梨 *N. billbergioides* 叶片边缘有锐利的锯齿状刺，花序具长柄，使花序伸出叶丛，苞片红色，花白色。栽培品种有黄苞巢凤梨 *N. billbergioides* 'Critrinum' 开花时，花序及苞片为橙黄色。

巢凤梨

飞鸟铁兰

铁兰属 *Tillandsia*

铁兰属 *Tillandsia* 多数为附生种。

叶片细长，簇生，质硬。避免使用含钙质高的材料。有条件的可悬挂栽培。铁兰属植物按对光的需求可分为两大类：①绿叶类，喜明亮光照，不耐直射光；②灰叶类，喜光，可全日照栽培。铁兰对水、肥的要求不严格。生长适温20～30℃。越冬温度不低于10℃。紫花凤梨扦插生根时间长，可达3～4个月，一般都等萌生的蘖芽长出2～3条根后再切下盆栽。

紫花凤梨 *Tillandsia cyanea* 又称木柄凤梨、铁兰，是著名的观花种。花序自叶丛中抽出，长约20厘米，顶端变为扁平成为花序，由粉红色苞片对生组成，形似小铲子。小花由苞片内开出，浓紫红色。

李氏铁兰 *Tillandsia indenii* 株形与铁兰相似，叶片绿色杂有淡红色，花序与铁兰相似。苞片洋红色。小花蓝色，具白色的喉部。

红扇铁兰 *Tillandsia flabellata* 又称歧花凤梨，复穗状花序有9～12个小穗状花序，类似丽穗凤梨属植物的花序，总苞密叠成扁

红扇铁兰

紫花凤梨

老人须

平棒状，橙红色，小花蓝紫色。

曲叶铁兰 *Tillandsia butzii* 小型，叶子膜质，上有紫色斑点，苞片玫瑰色，花瓣紫色，雄蕊黄色，春天开花。

白纹铁兰 *Tillandsia flexuosa* 叶子铜绿色，有点扭曲，上有银白色横纹，苞片红色，花白色。

章鱼凤梨 *Tillandsia ionantha* 植株矮小，很少超过5厘米高，春季开花时，所有的叶子都转成火红色，紫色的束状花序从叶中抽出。喜光，管理简单。

飞鸟铁兰 *Tillandsia wagneriana* 叶片绿色，穗状花序有分枝。苞片浅紫色。

长叶铁兰 *Tillansia punctulata* 叶子细长，银白色，上有斑点，花序大，花聚生，苞片玫瑰红色，花紫或白色，附生。

红梗铁兰 *Tillandsia tricolor* 中等大小，叶子灰绿色，花梗红色，花序有分枝，粉红色或红色。

老人须 *Tillandsia usuneoides* 幼苗期有少量根，长大后消失。线丝状枝条多数不整齐，被有灰白色鳞片。一般附生在树上，随风飘摆。

丽穗凤梨属 *Vriesea*

丽穗凤梨属 *Vriesea* 植物原产美洲中部和南美热带。

约有100种以上。多数附生。常见栽培种类多为园艺品种。喜温暖、湿润的环境。喜欢明亮的光照。遮光可适当少些。盆土宜经常保持湿润，叶丛中始终保持有水。因叶片大，生长快，每周需施肥一次。成熟植株接受直射光的照射容易开花。但应避免中午强烈的日照。生长适温18～25℃，越冬温度不低于13℃。不采取催花措施，红剑凤梨需栽种3～4年才能开花，花序从出现到伸出叶丛需要约40天的时间，花序可观赏数月。红剑凤梨的蘖芽生长较快，可待蘖芽长大后分株繁殖。

黄花丽穗凤梨 *Vriesea carinata* 叶绿色，花序剑状，花黄色，花期11月。

网纹凤梨 *Vriesea fenestralis* 植株较大。叶子绿色，上有细

斑叶丽穗凤梨

伊兰丽穗凤梨

虎纹凤梨

致的墨绿色及紫色的线条，花黄色。

斑叶丽穗凤梨 *Vriesea erythrodactylon*'Variegata' 叶片宽披针形，中部为白色，白色部分中又有一些绿色细条纹。苞片红色。

伊兰丽穗凤梨 *Vriesea hybrida* 杂交种。其植株开花后，并不死亡，基部也不产生蘖芽，而是像雀舌兰属植物那样从叶丛中心继续生长、继续开花。

金苞丽穗凤梨 *Vriesea malzinei* 植株高不超过40厘米，叶子簇生，紫红色微带绿色，早春开花，花序柱形，苞片金黄色镶绿边。容易管理。

波里蔓丽穗凤梨 *Vriesea* 'Poelmanii' 杂交品种。叶亮绿色。复穗状花序，多分枝。苞片红色，小花黄色。

红剑凤梨 *Vriesea splendens* 又称虎纹凤梨。莲座叶丛直立，叶黄绿色，有浅褐色横纹。花序伸出叶丛，苞片橙红色，排列紧密呈剑形，长约30～50厘米，花黄色。花期春夏。

波里蔓丽穗凤梨

红剑凤梨（虎纹凤梨）

网纹凤梨

黄花丽穗凤梨

红剑凤梨

国内少量栽培的属种：

松球凤梨属 *Acanthostachys*

红花松球 *Acanthostachys strobilacea* 原产巴西、阿根廷。叶绿色，稍呈肉质，长达1米，弯曲，窄线形，叶缘有锐刺。花序松球状，红色。喜光，适应性强，容易管理。多用种子繁殖。

强刺属 *Bromelia*

本属植物典型特征是莲座叶丛较直立，叶片质地坚硬，叶边有坚硬的钩刺。

硬刺凤梨 *Bromelia balansae* 叶片深绿色，上有尖刺，倒钩，苞片红色，花淡粉红色。开花时，花序中间火红，似火山爆发，很是壮观。

银叶凤梨属 *Hechtia*

银叶凤梨 *Hechtia argentea* 银叶凤梨属，叶大，向后弯卷，花梗长，花橘红色。

丽冠凤梨属 *Quesnelia*

原产巴西、几内亚、阿根廷，多数具茎，带刺的线形叶形成莲座叶丛。

花序具有总花梗，花突出，红色或蓝色，本属与光萼荷属的属间关系较近，但萼片通常无芒，花序无分枝。栽培管理与繁殖可参照光萼荷。本属近几年才作为观赏凤梨栽培应用。

丽冠凤梨 *Quesnelia arvensis* 原产巴西。叶带形，较宽，叶缘有黑色小刺。穗状花序成圆筒状，苞片肉质，红色，边缘呈波状，上部有白色杂斑，花深紫色。

选购及装饰应用

观赏凤梨叶色艳丽，适应环境能力强，又能适应各种不同的栽培方式，在任何支撑物上都能附着生长，因此用观赏凤梨做室内布置是再好不过的了。发挥你的想象力，选择自己喜爱的观赏凤梨，动手布置你的房间吧！

适于家庭栽植的观赏凤梨

对于家庭来说，观赏凤梨绝对是让人感兴趣的植物。多数种类无茎或茎短，具有不同类型的莲座叶丛。小型种如姬凤梨只有12厘米大，中、大型的种类相对于其他植物也很小，在家庭都有适合于放置的场所。

被发现的凤梨科植物仅有一部分可以被植物爱好者种植。它们属于通常所说的观赏凤梨。这是因为一些特殊的自然环境条件在家庭中不能被重建，一些植物要求的环境条件太苛刻。但它们只是极少数。多数凤梨科植物的生长并不困难，表明栽培是容易的。观赏凤梨中的多数种属于栽培品种或杂交种，适宜在人工条件下生长。然而，如果只对成熟的开花的植株感兴趣，一般的种类在短暂的观赏期内是不需要特殊照顾的。

下面这些种类的观赏凤梨是比较常见的，它们颜色多样，叶片和花很吸引人：

蜻蜓凤梨，金心光萼荷，光萼荷，珊瑚凤梨，凤梨，艳凤梨，水塔花，狭叶水塔花，黄点水塔花，姬凤梨，环带姬凤梨，红星，紫星，斑叶红星，赞氏果子蔓，彩叶凤梨，三色凤梨，金边凤梨，红杯凤梨，巢凤梨，黄花巢凤梨，铁兰，红扇铁兰，虎纹凤梨。

对于有学龄前儿童的家庭，一些观赏凤梨虽然美丽，但也不适宜栽培。如蜻蜓凤梨、艳凤梨等，因为它们叶缘的刺极尖利，容易扎伤儿童。如若十分喜爱此类品种，则要放置在儿童不易接触到的地方，以免发生危险。

购买观赏凤梨时的注意事项

应选择株形端正，叶片肥厚、颜色鲜艳、植株健壮、无病虫害的植株。叶片数目必需在15片以上，有的种类如果子蔓属、铁兰属叶片数需达到20片以上。若选观花为主的种类，应选花序刚刚伸出叶丛，还未开花的植株，这样不仅观赏时间长，还可看到开花的全过程，增添了养花的乐趣。若在冬季

购买，一定要注意包装好，还要注意路途上对植物的保温，防止植物受冻。回家后，不要急于将植物放在高温的地方，以防止温差过大，损伤植物。应使温度逐步升高，让植物有一个适应的过程。

多数观赏凤梨是在开花过程中或花后才开始长出小芽子的。因此，对于苞片颜色同样鲜艳的植株，购买有蘖芽的植株，可能会比没有蘖芽的植株观赏时间短些。

商品化生产的观赏凤梨所使用的盆栽基质一般都很轻，塑料盆也很轻，以便于包装和运输。对于株形稍大一些的观赏凤梨，存在盆小、轻，植株大、沉的现象，形成头重脚轻。摆放后，稍一碰叶片就有倒的可能。对此，可以再买一个稍大一点的漂亮的瓷套盆，将植株放在套盆内，两盆之间的空隙用泡沫塑料塞紧。

家庭中栽培观赏凤梨应注意的问题

放置地点

家庭中冬季放置观赏凤梨的最佳位置是有日光长时间照射的地点，一般在距窗边50厘米以内的地方，摆放时以伸展的叶片不接触到玻璃为宜，以防止因叶片接触玻璃而受冻。夏季放在距窗边1～2米的地方。如果放在室内南向的窗台上，需要挂一薄纱窗帘，以减少直射阳光。在室内写字台上或客厅内摆放位置偏阴暗处的植株要定期调换到光线好的地方以利于生长。以观叶为主的观赏凤梨如艳凤梨一年四季都需要良好的光照条件，在采光条件变差时，极容易徒长，叶片变长，叶色变淡，降低观赏价值。栽培者要充分认识到这一点。

根据环境的不同，挑选适应此种环境的观赏凤梨。或者混合栽植，并适时变换它们的位置。采用各种栽培方法使之对植物生长有益。植物放置在相当于自然的位置，一些在阴处，一些在光线稍强的位置，少量附生的被放置在小型假树上，其余的则被挂起。用这种方法，达到了自然的平衡，对植物有益，使人的视觉舒服。

如何保持湿度

北方的冬季非常寒冷，加热用的暖气多设计在室内的窗下。在加热时，干燥的热空气会烘烤窗台上的植物。虽说温度有了保证，但湿度下降了许多，同样不利于植物生长。为保持湿度，这里介绍几个简单的方法。①可用铁丝作一个架子，外用透明塑料罩上，将其罩在植株上面，并在罩内放一些湿苔藓(可用干净的湿废地毯代替)，可增加湿度。②在暖气上放一盆水，蒸发的水分会使小环境的湿度明显增加。③用小型喷雾器进行叶面喷雾。

繁殖

家庭中购买的观赏凤梨多为带花植株，观赏几个月后，叶片由外向内逐渐死亡，但植株仍需进行正常的管理，促使其长出蘖芽供繁殖使用。每星期更换叶丛中的水1～2次，以防止叶丛中的水变质，产生不好的气味。

有时，从一株母株上同时长出3～4个蘖芽，对于家庭来说，可以不必从母株上移走蘖芽，除非是同别人用于交换。没有什么比从同一个根状茎上长出4～5丛植株更好的了，由于它们同时生长，当所有的花头一起开放时会是很壮观的。

装饰

在用观赏凤梨布置居室时，因其多为中、小型盆栽，在室内布置时，不宜单独摆放，最好与其他植物配合使用。或使用一些有特点的栽培方式，如组合盆栽、制作附生树等。

组合盆栽就是将几种不同的盆栽植物按某种形式摆放在一起，或将几种植物栽种在同一个花盆中。从而达到令人满意的观赏效果。

观赏凤梨的组合盆栽一般是选取几个不同的品种栽植在同一个容器中，以突出整体的美感。具体操作时需注意，选用的盆和植物要协调，效果才会好。例如，选用带底座的圆形瓷盆，可栽种4～5株苞片颜色一致的擎天凤梨或丽穗凤梨，如盆较大，可在中央栽一株擎天凤梨，周围栽一圈带果实的艳凤梨；选用马鞍形的紫砂盆时，丽穗凤梨是最好的选择，栽时植物要栽成一行，依盆形中间的最高，两边依次降低；选用仿古式的微型木桶时，则适合多种植物的搭配。

观赏凤梨附生树的制作：在家中摆放一棵观赏凤梨树也许会让你对植物更感兴趣。寻找一段树枝，干粗约8厘米，高约2米，最好有3～4个分枝，去除叶片，不用去树皮。在下端钉一个十字架，放入一个你喜欢的容器中，用大的石头或

砖块固定，再在上面铺一层彩色石子，以更美观。将你喜欢的盆栽观赏凤梨去除盆子，用清水洗净根部，再用苔藓包住根系，外面可再罩一层窗纱或尼龙网，用包有塑料外皮的铁丝或电线将植株固定在树枝上。至此，一棵观赏凤梨树就制作完成了。

如果你认为这比较麻烦，还有一些简单的方法供你选择，例如：用苔藓包裹植物根部，用3～4块大树皮包住苔藓，用电线拴牢；或找一节粗竹筒，用电钻在节部和筒壁处打一些眼，将植物放入竹筒，用碎树皮当基质把植物栽好。

对于一些小型凤梨，如姬凤梨，还可以用于制作瓶景，找一个广口的大玻璃瓶子，在瓶底放2～3厘米厚的石子，上面再铺3～4厘米厚的草炭土，用筷子、勺子、镊子作工具，把小型的观赏凤梨栽进去。然后，沿瓶壁浇一些水，清洗干净瓶壁，并使草炭土湿润。最后，盖好瓶盖。瓶盖上可留直径1厘米的通气孔。至此，你的玻璃瓶花房制作完成了。你可以2～3个月管理一次，直到植物长大，玻璃瓶不能再容纳它了。

一般来说，在用基质栽培时，观赏凤梨不耐水湿。但是从形态分类学上发现，某些观赏凤梨同水生植物亲缘关系较近，具有水生植物质体中的遗传基因，其根、茎、叶中的维管束通气组织，能将地上部的氧气输送到根系，因此，可以进行水培。例如水塔花属、丽穗凤梨属的种类。水培相对洁净，又可根据自己的爱好选用多种容器，也是一种不错的栽

培方式。需要注意的是定期换水，约 1 星期 1 次，换水的同时要加适量的营养液。

选择好了你喜欢的栽培方式后，居室绿化时考虑室内环境的基本色调。如果环境是暖色调，则应选择偏冷色花，反之则应选择暖色花，这样可以产生一定的对比与反差，使整个居室具有整体上的美感。观赏凤梨的色彩以红、黄、橙、粉等为主，属于暖色调，象征着温馨与舒适。适宜布置在冷色调或以白色为基调的房间里。

客厅：客厅的空间较大，一般来说，客厅的角落或沙发两侧一般会放置巴西木、发财树、散尾葵等较大的植物，但叶色多为绿色。如果放一棵附生凤梨树，定会引人注目。此外，选择色彩艳丽的观赏凤梨放在茶几上，或放在电视两侧的落地音箱上，效果也不错。

书房：书房是读书学习的空间。宜选择一些淡雅幽静的观叶植物。比如文竹、万年青、椒草等。适宜选用的观赏凤梨种类有水塔花、狭叶水塔花、斑叶红星等。若放一瓶你精心制作的凤梨瓶景，相信定会与众不同。

卧室：卧室是人们休息睡眠的地方。在卧室的美化上要以安逸舒适为主。可在窗边放上苞片颜色以黄、粉色为主的观花凤梨。

餐厅：餐厅是家人轻松用餐的地方，因此在布置上要能体现出家庭的温馨与甜蜜。可选择带果实的艳凤梨放在餐桌上，相信会有助于进餐，增加食欲。

阳台：阳台是楼房突出于室外的小块空间，采光好，是摆放观赏凤梨的好地方。室内的花卉要经常调换到这里恢复生长。南向阳台的采光性好，可放置艳凤梨、蜻蜓凤梨、彩叶凤梨、铁兰等。北向阳台光线弱，多放置喜阴的观赏凤梨，如红星、巢凤梨等。

家庭栽培实例

蜻蜓凤梨

摆放位置：在光线好的室内可常年栽培，适宜布置于客厅。

温度：越冬温度15℃，不能长时间低于10℃。

湿度：抗性强，对冬季室内干燥环境也能适应，但湿度最好不低于40%。每天叶面喷雾2～3次。

光照：冬季可接受日光直射。放于室外时，夏季遮阳50%～60%，春秋遮阳30%～40%。

水分：抗干旱能力强，在叶丛中有水的情况下，半月忘记浇水，植株仍表现正常。生长季节一般每3天浇1次水，每天喷雾2～3次。在冬季，每周浇水1次就以了。

基质：3份草炭土加1份沙配成培养土，有条件的可再加1份木炭。也可用松针或苔藓种植。

施肥：生长季节2～3周施1次速效肥料。液体肥料

蜻蜓凤梨

可施于叶丛中心，浓度为盆施的1/4。每周叶面喷肥一次，浓度0.2%，可与叶面喷雾同时进行。冬季停止施肥。

栽培提示：叶丛中不能缺水，每星期更换叶丛中的水,防止叶丛中的水变质，产生不好的气味。

繁殖提示：花后，会在老株基部长出1～3枚蘖芽，高约10厘米时可切下扦插，有经验的栽培者可直接盆栽。

艳凤梨

摆放位置：植株相对较大，刺尖利，需放在不易碰到的地方，但光线一定要充足。

温度：越冬温度不低于10℃。

湿度：栽培中对湿度要求不严格，可适应室内的干燥环境。

光照：喜阳光，可在室外全光照条件下栽培。冬季一定要放在光线好的地方。弱光条件下，叶片易徒长，从而使叶

艳凤梨

片下垂。

水分：地生种，耐干旱，水分充足时生长更好。

基质：3 份草炭土加 1 份沙，再加少量肥料混合配制。

施肥：生长季节每2周追肥1次。叶面施肥每周1次，浓度0.2%。冬季停止施肥。

栽培提示：不可缺少阳光照射。在空气湿度过低时，叶尖也会干枯。若生长不良，多是根系有问题。北方盆栽，极少开花，必须进行催花处理。

繁殖提示：花后可结果，果实上方也会长出叶丛，称为冠芽。基部也会长出蘖芽，都可作为繁殖材料。基部蘖芽一般带根，切下可直接盆栽，冠芽需进行扦插。

艳凤梨

狭叶水塔花

摆放位置： 客厅、书房、卧室等处均可。

温度： 冬季可耐5℃低温，短时间2℃也不会死亡。越冬温度以8℃为好。

湿度： 同艳凤梨。

光照： 对光线的要求不严格，以光线稍强为好。

水分： 相对于其他种类，浇水可稍多一些。

基质： 同艳凤梨。

施肥： 同艳凤梨。

栽培提示： 在观赏凤梨中，本种极易开花，适合初学者种植。在冬季温度过低或夏季光照过强时，叶片都会变红。遇此情况，要放置在条件好一些的地方，以免损伤植株。花后，要将花和花梗一起去除，可用手指捏住花梗，左右捻动，再一提，则花梗会从基部断开。

繁殖提示： 狭叶水塔花的蘖芽也是在花后产生，如果盆内有空间，则新株不会紧贴老株，而是在产生一段短匍茎后，再长出来。本种因单株较小，多是分株繁殖。

狭叶水塔花

姬凤梨

摆放位置：茶几、床头、书桌之上。

温度：越冬温度不低于 15℃。

湿度：需较高的空气湿度，应多喷水或喷雾，使空气湿度不低于 60%。

光照：在半阴的条件下生长良好，但过于阴暗，会降低叶片色彩。

水分：株形小，根系弱，叶丛贮水少，因此怕干旱，需多浇水。

基质：用保水力强的苔藓栽种姬凤梨。

施肥：以叶面喷肥为主，结合喷雾进行。

栽培提示：盆栽不适宜单独放置，最好同其他植物放在一起，使其在相对良好的小环境中生长。最好是做成瓶景，这样可以很容易的控制好湿度和水分供给。

繁殖提示：花后，在叶腋间会长出许多小植株，在生长一段时间后，用手轻碰小株，若容易掉落，则表示可以进行扦插了。姬凤梨生根时间较长，要耐心等待。

姬凤梨

小雀舌兰

摆放位置： 可放于南向的窗台上。

温度： 越冬温度8℃。

湿度： 空气湿度不宜过高。家庭中的条件即可。

光照： 喜阳光充足，不耐荫，但也不能忍耐夏日正午的直射阳光。

水分： 非常耐旱，生长期可酌情浇水，冬季保持盆土稍干燥。

基质： 可用1份沙、1份草炭土另加少量石灰质配制成培养土。

施肥： 生长期间施肥3～4次就可以了。

栽培提示： 本种属于多肉植物，在管理上不同于一般的凤梨科植物，在浇水上需特别小心，控制好盆土的水分是养好小雀短舌兰的关键。

繁殖提示： 植株基部可长出蘖芽，待长大后可分株繁殖。

小雀舌兰

斑叶红星

摆放位置： 放于无阳光直射的地方，如背阳的居室。

温度： 越冬温度18℃，若低于15℃，则明显生长不良。

湿度： 喜高湿的环境，冬季室内过于干燥，常导致叶尖干枯。必需采取加湿措施。

光照： 冬季遮阳20%～30%。夏季遮阳70%，春秋遮阳40%～60%。

水分： 盆栽材料需经常保持湿润，叶丛中保持有洁净的水。

基质： 最好使用苔藓或碎树皮。用草炭土栽种效果不理想。

施肥： 同姬凤梨。

栽培提示： 能保持高湿的条件是斑叶红星良好生长的前提，再辅以适宜的光照，合理的施肥，一定会养好此植物。

繁殖提示： 花后出芽较少，生长也较慢。

斑叶红星

三色彩叶凤梨

摆放位置： 放于居室中显著的位置，以引人注目。

温度： 越冬温度15℃。

湿度： 生长期要保持高的空气湿度，花期和休眠期要降低湿度。

光照： 喜明亮的日光，冬季可接受日光直射。夏季遮阳50%，春秋遮阳30%。

水分： 同斑叶红星。

基质： 3份草炭土加1份沙配成培养土，也可用松针或苔藓种植。

施肥： 以磷、钾肥为主，多用氮肥不利于叶片的颜色。叶面肥多使用磷酸氢钾。

栽培提示： 接受充足的日光照射，叶片的色彩才有保证。花后必需将隐藏于叶丛中的花序全部去除，否则在叶丛中有水的情况下，花序会腐烂变质。

繁殖提示： 待根部新芽长出新根后再分株，成活才有保证。

三色彩叶凤梨

黄苞巢凤梨

摆放位置： 在光线良好的室内可常年栽培。

温度： 越冬温度15℃。

湿度： 生长期要保持高的空气湿度，花期和休眠期要降低湿度。

光照： 较喜光，同彩叶凤梨对光的需求相似。

水分： 盆栽材料不能在太潮湿，一般等盆栽材料快干时再浇水。

基质： 多用苔藓或树皮块。

施肥： 以叶面喷肥为主，结合喷雾进行。

栽培提示： 对光的适应范围较广，但植株小，稍显柔弱，需精心管理。

繁殖提示： 花后，植株会产生蘖芽，但蘖芽不是产生在基部，而是在稍远位置，不和老株紧挨生长。因此多在植株长满盆后才分盆，一般4～5年分盆1次。

黄苞巢凤梨

紫花铁兰

摆放位置：可吊盆栽培，用以布置空间。

温度：越冬温度需10℃以上。

湿度：喜空气湿润，但能忍耐干燥的环境。

光照：喜稍强的日光照射，但夏季也需要遮阳30%～40%。

水分：抗干旱能力强，生长期每周烧水1～2次。冬季需水量更少。

基质：多用苔藓或树皮块。

施肥：以叶面喷肥为主。

栽培提示：叶丛中存水较少，多进行叶面喷雾才会长的更好，叶片上的吸收鳞片很发达，可多进行叶面喷肥。

繁殖提示：扦插蘖芽极难生根。多等到植株长满盆后分株繁殖。

紫花铁兰

虎纹凤梨

摆放位置： 室内光线明亮处，以展示其叶片的风采。

温度： 越冬温度 15℃。

湿度： 喜湿润环境。

光照： 冬季不遮光，夏季遮阳50%，春秋遮阳30%~40%。

水分： 盆土需经常保持湿润，但不能积水。

基质： 3 份草炭土加 1 份沙，再加少量肥料混合配制。

施肥： 根系较多，吸收力强，生长期可每周施肥一次。

栽培提示： 叶丛中存水较多，注意及时更换新水。多接受直射光有利于开花。

繁殖提示： 花后，在叶腋处长出新芽，不易长出自己的根。多在生长一年后分栽。

虎纹凤梨

参考文献

1. 吴应祥等编著. 温室工作手册. 北京：科学出版社，1964

2. 陈俊愉，程绪珂主编. 中国花经. 上海：上海文化出版社，1990

3. 卢思聪. 室内盆栽花卉. 北京：金盾出版社，1997

4. Dr.D.G.Hessayon. 彩图花草种养大百科. 长沙：湖南科学技术出版社，1999

5. 黄智明，张应麟，钟志权. 观赏凤梨. 广州：广东科学技术出版社，2000

6. 张应麟. 凤梨科观叶植物. 植物，1985，5

7. 蔡福贵. 观赏凤梨之生产管理. 台湾花卉园艺，1994，5